国学经典启蒙丛书

茶韵初识

诵读国学经典
传承中华文明

王永豪　主编／李晶晶　编

中国文史出版社

图书在版编目（CIP）数据

茶韵初识 / 李晶晶编 .—北京：中国文史出版社，2016.5
（国学经典启蒙丛书 / 王永豪主编）

ISBN 978-7-5034-7771-3

Ⅰ.①茶… Ⅱ.①李… Ⅲ.①茶叶—文化—中国—青少年读物 Ⅳ.① TS971-49

中国版本图书馆 CIP 数据核字（2016）第 119259 号

责任编辑：程　凤

出版发行：	中国文史出版社
网　　址：	www.chinawenshi.net
社　　址：	北京市西城区太平桥大街 23 号邮编：100811
电　　话：	010—66173572　66168268
印　　装：	北京新华印刷有限公司
经　　销：	全国新华书店
开　　本：	787×1092　1/16
印　　张：	3.75
字　　数：	29 千字
版　　次：	2017 年 1 月北京第 1 版
印　　次：	2018 年 12 月第 2 次印刷
定　　价：	19.80 元

总序

华夏五千年文化根深叶茂，源远流长，是中华民族精神家园的滋养和庇护，是民族强盛的基础。因为，"一个国家、一个民族的强盛，总是以文化兴盛为支撑的，中华民族伟大复兴需要以中华文化发展繁荣为条件"；"博大精深的中华优秀传统文化是我们在世界文化激荡中站稳脚跟的根基"；"体现一个国家综合实力最核心的、最高层的，还是文化软实力，这事关一个民族精气神的凝聚"；"要系统梳理传统文化资源，让收藏在禁宫里的文物、陈列在广阔大地上的遗产、书写在古籍里的文字都活起来。"让国学回归、传统文化复兴是吾辈在新的历史转折点上时代赋予的使命。

只有文化底蕴深厚的民族才能盛产精神贵族。什么样的内心及精神状态是精神贵族的必备呢？这大概没有标准答案，不过我们可以尝试找出一些大家共同认可的例子。"君子"应该能算是精神贵族，"可以托六尺之孤，可以寄百里之命，临大节而不可夺也，君子人与？君子人也"。(《论语》)"士"应该能算是精神贵族，"士不可以不弘毅，任重而道远。仁以为己任，不亦重乎？死而后已，不亦远乎？"(《论语》)"大丈夫"应该能算得上是精神贵族，"富贵不能淫，贫贱不能移，威武不能屈，此之谓大丈夫。"(《孟子》)子路应该算得上是精神贵族，"衣敝缊袍，与衣狐貉者立，而不耻者，其由也与"；柳下惠应该算是精神贵族，"直道而事人，焉往而不三黜？枉道而事人，何必去父母之邦？"等等。所以，中华民族从来不缺精神贵族，而且代不乏人，层出不穷。

内心高贵才是真正的高贵，内心强大才是真正的强大！我们很难穷举精神贵族的特质，但精神贵族肯定有强大的内心，能够做到"聪明睿知，足以有临也；宽裕温柔，足以有容也；发强刚毅，足以有执也；齐庄中正，足以有敬也；文理密察，足以有别也"。(《中庸》)，易言之，要有是非心、包容心、从容心、决断力，等等。无论如何，精神贵族一定是伟岸的人，而不是委琐的人，是君子儒，不是小人儒，他们追求的一定是优雅、从容、有尊严的生活。

读书是门槛最低的高贵行为。而这些书一定要是经过历史长期沉淀下来的，穿越千年时空而与我们相遇的经典。这些经典中有中华民族最深沉的智慧和最有亲和力的温度。在某种程度上说，因为经典的滋养，时空虽然转换，民族精神与气节不变。在这些经典中学习格物致知，经世致用之理，成就自己穷理正心，修己治人之道。所以，多读书，读好书至关重要，但"怎么读"也是一个不可忽视的问题。从专业角度看，具有科学、系统、完整的内容体系；从过程上看，让学习者喜闻乐见、生动有趣的形式；同时从结果看又行之有效的学习方法可以让学习事半功倍。这也就是我们这套《国学经典启蒙丛书》对经典文本取舍和编排的依据。

从方法上说，中国传统社会历来重视教育，包括蒙学教育，并在长期的教育实践中摸索出一整套系统完整科学的教育方法。传统社会中流传最广、影响最大的蒙学教材《三字经》简明扼要地指出国学启蒙的教育方法是："凡训蒙，须讲究，详训诂，明句读。为学者，必有初，小学终，至四书。……孝经通，四书熟，如六经，始可读。……经既明，方读子。……经子通，读诸史，考世系，知终始。"意思就是说，国学启蒙教育的方法是让孩子先有基本的认知能力，继之训练儿童的文字阅读能力，然后再读"四书"、"五经"，再读诸子百家书籍，最后读历史类书籍。我们这套《国学经典启蒙丛书》在内容选择上尊重了前人这些宝贵的教学经验。在第一套中首先选入"小学"的经典篇目《三字经》、《百家姓》、《千字文》、《弟子规》和《声律启蒙》，接下来再选入"大学"经典文本《孝经》、《大学》和《中庸》。同时考虑到古人"不学礼，无以立"的说法以及八岁入小学，学习洒扫、应对、进退之礼的实际，本丛书中我们也入选了《礼仪传承》一书，以使国学初学者，尤其是青少年甚至幼少儿行有所依。我们建议学习者以对"原文"部分的诵读为主，在反复诵读的基础上参考"注释"和"译文"，从而达到最好的学习效果。

从形式上，编撰本丛书的时候，我们努力做到理解与记忆相结合、动手与动脑相结合、传统和现代相结合。因此，在诵读的基础上，我们加入《茶韵初识》一书，使学习者开拓视野，增加认知，提高学习兴趣。

在本丛书的编撰过程中，感谢夫子书院课程研发团队的大力支持，他们的课程"贤良方正科"、"博学鸿词科"、"道侔伊吕科"、"奇才巧艺科"对我们选定文本内容、安排出版顺序都有极大帮助。

同时，因为学有不逮，本丛书一定存在不少错误，我们编写组愿意悉心听取您的批评指正。

王永豪

前言

　　《尔雅·释木》曰："槚，苦荼也。"槚
（jiǎ），就是茶树。郭注："树小似栀子，冬
生叶，可煮作羹饮，今呼早采者为荼，晚取者为
茗。""荼"字至唐代《开元文字音义》始减一划
作"茶"。茶文化起源于中国，意为饮茶活动过程
中形成的文化特征。茶艺是传承中华民族优秀传统
文化的重要载体，具有修身养性的作用和品德教化
的功能等，它使人的修养、素质在潜移默化中得到
提升。具体地说，习茶具有以下意义：

　　1. 茶礼文化可以弘扬尊老爱幼的传统美德；
（茶文化礼仪）

　　2. 茶史初探让人们更加了解灿烂的民族文
化，体验中华民族悠久的历史文明，增强民族自
豪感和荣誉感；（茶文化传承）

3. 泡茶实践使人们养成凡事自己动手，热爱劳动的良好习惯；（亲身体验）

4. 茶艺表演可以陶冶情操，清心神、涤欲念，培养民众心静意诚、以和为本、真知真性等综合素养。（陶冶情操、净化心灵）

通过茶艺文化的学习，让人们更加深爱祖国传统文化，学习茶的基本知识，掌握茶艺基本技能，从而弘扬和发展中国优秀茶文化。

李晶晶

目　录

总　序

前　言

第一章　走进茶世界

第一节　中国——茶之故乡 / 1

第二节　优雅茶人 / 4

第三节　泡茶用具的名称和功能 / 7

第四节　正确选择泡茶用具 / 12

第五节　茶叶行家 / 14

第六节　茶与健康 / 23

第七节　中国茶德 / 25

第八节　好水泡好茶 / 27

第二章　闻香识茶

第一节　甘露润莲心 / 29

第二节　宝光初现 / 32

第三节　雨润白毫 / 35

第四节　一花一乾坤 / 38

第五节　暗香浮动 / 41

第六节　乌龙入海 / 43

◎ 第一章 走进茶世界

第一节 中国——茶之故乡

一、茶之为饮的渊源——神农尝百草的故事

很早以前，中国就有"神农尝百草，日遇七十二毒，得茶而解之"的传说。相传，神农牛头人身，并且有一个水晶般透明的肚子，五脏六腑都可以看得清清楚楚。远古时，人们吃东西都是生吞活剥，因此经常生病，又没有办法医治，常常小病变成大病，危及生命。神农为了解除人们的疾苦，就跋山涉水，尝遍百草，找寻治病解毒的良药。有一次，神农吃到了一种草，突然小腹胀痛，疼的在地上打滚。这时，他发现了一种开白花的常绿树嫩叶，于是就尝了一口，发现它在肚子里从上到下，从左到右，到处流动洗涤，好像在肚子里检查什么。不久，神农肚子不疼了，肠胃的毒都解了，神农称这种植物为"查"。后来，随着文字的演变，就成了我们现在所说的"茶"。

神农

二、茶树的起源——中国"茶之故乡"

中国是世界上最早发现和利用茶树的国家，大量的历史资料和近现代调查研究材料，都证明了中国是茶树的原产地。

中国西南部山区的云贵高原一带山茶科植物分布广泛，类型繁多。人们普遍认为这里是茶树起源中心。

三、饮茶的起源与发展

1. 生吃药用

在4700多年前的神农时代，茶树的鲜叶最初被发现具有解毒作用，人们将其作疗疾之用。"神农尝百草，日遇七十二毒，得茶而解之。"

2. 熟吃当菜

在《尔雅》的"释木篇"和"释草篇"中都有"茶"字，即"荼"，前者指木本的茶树，后者指草本的苦菜。

春秋时期，就已有"食脱粟之饭，炙三弋五卵，茗茶而已"，把茶叶当菜吃的说法，至今云南少数民族仍有吃"竹筒茶"的习惯。

熟吃当菜

3. 烹煮饮用

唐代，就已有烘焙茶叶的工具"育"。"焙茶"是最古老、原始的饮茶方法。至今云南南部产茶区佤族的"烧茶"和傣族的"竹筒茶"仍采用"焙茶"的方式。

冲泡饮用

4. 冲泡饮用

唐代盛行蒸青团饼茶，明代以后发展为炒青散茶。饮用方法也由烹煮改为冲泡。

四、茶的种类简介

绿茶：属于不发酵茶，茶汤青绿，生产历史最久，品种繁多。

白茶：属于轻微发酵茶，茶汤清澈，因全身多白毫而得名。

黄茶：属于微发酵茶，黄叶黄汤，芽叶细嫩，茶性微凉。

红茶：全发酵茶，茶汤红色，滋味醇和，香甜可口。

青茶：也称乌龙茶，半发酵茶，茶色青褐，茶汤黄亮，富兰花香。

黑茶：属后发酵茶，茶叶黑褐光润，茶性温和，具有独特陈香。

花茶：属再加工茶，融合鲜花与新茶，香味浓郁，茶汤色深。

绿茶 　　　　 白茶 　　　　 黄茶

红茶 　　　　 青茶 　　　　 黑茶

第二节　优雅茶人

一、茶道的行为规范

1. 坐姿茶礼：坐姿端正，腰背挺直，双肩放松，下颚收敛，目光平视，表情自然。右手在上，双手虎口交握，轻轻搭在茶巾上。

2. 立姿茶礼：身体挺直，下颚微收，双眼平视，挺胸收腹，双肩放松，自然下垂。右手在上，双手虎口交握，置于小腹处，双脚呈半丁字步。

3. 跪姿茶礼，双腿并拢跪在坐垫上，双足背相搭着地，臀部坐在双足上挺腰放松双肩，头正下颌微收，双手交叉搭在大腿上。

4. 泡茶时，泡茶者应身体坐正，腰杆挺直，保持美丽、优雅的姿势。两臂与肩膀不要因为持壶、倒茶、冲水而不自觉地抬得太高，甚至身体倾斜。

5. 泡茶过程中，泡茶者言谈要恭，低声慢语，处处尊重饮茶者。泡茶者的手不可以碰到茶叶、壶嘴等。泡茶者的动作幅度不宜太大，倒茶时不宜手心朝上。

二、茶人礼仪

1. 泡茶礼仪

泡茶前，泡茶者的头发一定要梳紧，勿使其散落到前面。女生的长发应当盘起，男生的短发以不挡住视线为准。

泡茶过程中，泡茶者的双手就是主角。因此，泡茶前一定要清洁双手，修理指甲，不可有异味，洗过手后不要摸脸或其他物体，以免沾上其他异味而影响茶叶原味。

泡茶者着装的基本原则是简约整洁、和谐得体，符合整个茶宴雅致、怡然气氛。

备具赏茶

主人事先备好若干茗茶，然后询问客人意见，冲泡时，简要地介绍一下所冲泡的茶叶名称、产地、品质特征、文化背景及冲泡要点等，让客人仔细欣赏茶的外形和色泽。

温杯烫盏

在置茶之前用90°以上的开水冲烫茶壶、茶杯。这样，既讲究卫生，又显得彬彬有礼。温烫品茗杯时，茶杯中注入沸水后用茶夹夹住，向外旋转倒掉沸水。

放置茶壶

茶壶应水平放置，壶嘴不能正对他人。正对他人则表示请人赶快离开。

器具准备

烫壶

温杯

2. 奉茶礼仪

可将泡好的茶放于茶托上，双手奉上，也可单手拿起，放于客人面前，注意不要用手指接触杯沿。端至客人面前时，应略躬身或单手手掌指茶，说"请用茶"。

茶倒七分为敬，不宜过满。斟茶时只斟七分，一方面暗喻了"七分茶三分情"之意，另一方面客人在拿茶杯时也不容易烫到手，而且茶水的清沁芳香不易失散。

3. 品茶礼仪

品茶时，神态要谦恭，对泡茶者的奉茶应叩指致谢或称谢，而后品饮。

叩指礼，指将食指和中指并拢微曲似两膝跪在桌上，似叩头，轻轻叩击茶桌两下，以示谢意。

品茶时要观茶汤色，闻茶汤香，品茶汤味。喝茶分为三口，一口为喝，二口为饮，三口为品。一口小抿，以舌尖去幽幽探寻茶中春秋，香味从舌尖逐渐向喉咙扩散，可谓畅快淋漓。功夫茶的三个境界即"芳香溢齿颊，甘泽润喉咙，神明凌霄汉"。

第三节　泡茶用具的名称和功能

一、主茶具

（一）茶壶

用以泡茶的器具。壶由壶盖、壶身、壶底和圈足四部分组成。茶壶的形态多样，材质分为白瓷茶壶和紫砂茶壶等。

茶壶

（二）茶盘

用于摆放茶具以及进行茶艺展示。放置茶盘，既增加美观，又防止茶壶烫伤桌面，茶水浸湿茶桌。

茶盘

（三）公道杯

用于均匀茶汤浓度，方便分茶。

公道杯

（四）品茗杯

用于品赏茶汤。

品茗杯

（五）闻香杯

用于闻取茶叶香气。

闻香杯

（六）茶托

用于承载闻香杯和品茗杯。

茶托

（七）盖碗

盖碗是一种上有盖、下有托、中有碗的汉族茶具。盖为天，托为地，碗为人，暗含天地人和之意。

盖碗

二、辅助用具

除主要泡茶器具外，在泡茶过程中还需要一些辅助的泡茶用具。可增加美观，方便操作。

1. 茶巾：用于擦拭茶具外面或底部的茶渍或水渍，防止水滴滑入茶汤，令饮茶人产生不洁之感。

茶巾

2. 茶则：用于量取茶叶。

茶则

3. 茶匙：用于拨取茶叶入壶。

茶匙

4. 茶针：用于疏通壶口，防止茶叶堵塞。

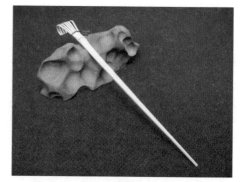

茶针

5. 茶夹：用于夹取杯子和茶叶。

茶夹

6. 茶漏：用于扩充壶口面积，防止拨茶时茶叶散落壶外。

茶漏

7. 滤网：用于过滤茶汤中的细渣。

滤网

8. 茶荷：用于盛放干茶，鉴赏茶叶。

茶荷

9. 随手泡：用于盛放冲泡用水

随手泡

10. 茶罐：用于储存茶叶

第四节　正确选择泡茶用具

我国古代重视品茶，使用茶具也很考究，人们把茶具列为品茶必要的艺术条件，也是客来敬茶的重要工具。

一、陶土茶具

陶土器具是新石器时代的重要发明。宜兴紫砂茶具是陶土茶具中的佼佼者，质地细腻，陶土含铁量高，有良好的宜茶功能。

陶土茶具

二、瓷器茶具

瓷器茶具品种繁多，物美价廉，是普通百姓饮茶必备之品，可分为：青瓷茶具、白瓷茶具、黑瓷茶具和彩瓷茶具。

三、玻璃茶具

玻璃茶具晶莹剔透，光泽澄澈，用玻璃杯泡茶，杯中轻雾缥缈，茶汤色泽鲜艳，茶叶细嫩柔软，冲泡过程中茶叶的上下穿动，叶片的逐渐舒展，都一目了然，令

玻璃茶具

人赏心悦目，别有风趣。

茶具的选配

茶　类	适用茶具	原　因
花　茶 例：茉莉花茶	可用盖碗、瓷壶泡茶	利于香气的保持
乌龙茶（青茶） 例：安溪铁观音	紫砂壶、瓷杯	利于保持热量、有益于茶汤的浸出
细嫩名优绿茶 例：西湖龙井　碧螺春 　　君山银针　黄山毛峰	玻璃杯	利于观形
其他名优绿茶 例：太平猴魁　六安瓜片	除选用玻璃杯冲泡外，也可选用白色瓷杯冲泡饮用	利于评鉴
黑茶	容量较大的陶壶	利于降低茶汤浓度
红茶 例：祁门功夫红茶　滇红	瓷壶或紫砂壶来泡茶，用白瓷杯品尝	利于观色
绿茶、黄茶、白茶	均可使用盖碗、玻璃壶	利于观形鉴色

第五节　茶叶行家

　　世界上第一部茶叶专著《茶经》，是由中国茶圣——唐代文学家陆羽撰写的。《茶经》全书分上、中、下三卷，包含一之源、二之具、三之造、四之器、五之煮、六之饮、七之事、八之出、九之略、十之图共十章，约七千多字，创造性地总结了我国茶树的起源与发展、茶的制作、饮茶的习俗、茶具挑选等茶文化，是我国珍贵的典籍，是一本茶学百科全书。《茶经》的问世，使茶学研究有了较完整的科学理论依据，把茶文化发展到一个空前的高度。

名茶简介

　　我国产茶历史悠久，品种繁多，口感各异，有许多茶叶被世界人民所享用，也有许多茶叶获得世界奖项。在这里向大家介绍我国的十大名茶。

（1）太平猴魁

　　太平猴魁是我国著名绿茶品种之一，产于安徽省黄山区的猴坑、猴岗及猴村一带。其地处黄山，林木参天，云雾弥漫，空气湿润，利于茶叶生长。

　　形态：外形挺直重实，两叶抱一芽，色泽苍绿，自然舒展，白毫隐伏，有"猴魁两头尖，不散不翘不卷边"的美名。

太平猴魁

功效：抗菌、抑菌、减肥、防龋齿、抑制癌细胞。

传说故事

古时候，在黄山居住着一对白毛猴，他们育有一只小毛猴。有一天，小毛猴独自外出玩耍，遇上大雾，迷失了方向，无法回到黄山。老毛猴立即出门寻找，几天后，由于寻子心切，劳累过度，老猴病死在太平县的一个山坑里。山坑里住着一个心地善良的老汉，以采野茶与药材为生，当发现这只病死的老猴时，就将他埋在山岗上，并移来几颗野茶和山花栽在老猴墓旁。正要离开时，忽听有说话声："老伯，谢谢您为我做的一切，我一定会报答您。"但不见人影，这事老汉也没放在心上。第二年春天，老汉又来到山岗采野茶，发现整个山岗都长满了绿油油的茶树。老汉正在纳闷时，忽听有人对他说："这些茶树是我送给您的，您好好栽培，今后就不愁吃穿了。"这时老汉才醒悟过来，这些茶树是神猴所赐。从此，老汉有了一块很好的茶山，再也不需翻山越岭去采野茶了。为了纪念神猴，老汉就把这片山岗叫作猴岗，把自己住的山坑叫作猴坑，把从猴岗采制的茶叶叫作猴茶。由于猴茶品质超群，堪称魁首，后来就将此茶取名为太平猴魁了。

（2）六安瓜片

六安瓜片，又名片茶，是我国著名绿茶品种之一，因其外形似瓜子，呈片状而得名。产于安徽省六安、金寨、霍山三县。

形态：六安瓜片的外形，呈瓜子形的单片，自然平展，叶缘微翘，色泽宝绿，大小匀整，冲泡后，清香高爽，滋味鲜醇，回味甘甜，汤色清澈，叶底绿嫩。

功效：消暑解渴、清心明目、提神消乏、消食解毒、美容养颜、

六安瓜片

抗衰老、去疲劳、改善消化不良。

（3）西湖龙井

西湖龙井，简称龙井。因"浓妆淡抹总相宜"的西子湖和"龙泓井"圣水而得名，是我国著名绿茶之一。

西湖龙井

形态：外形扁平挺秀，色泽翠绿，冲泡后滋味鲜醇甘爽，香气馥郁，汤色清澈，叶底嫩绿，成朵匀齐，素以"色绿、香郁、味甘、形美"四绝而著称。

功效：消臭、助消化、减肥养颜、延缓衰老、消除疲劳、防龋齿、抑制癌细胞。

传说故事

传说在宋代，有一个叫"龙井"的村庄，村里住着一个靠卖茶为生的老太太。老太太年迈体弱，行动不便，只能照顾家中的十八棵老茶树。有一年，茶叶质量不好，卖不出去，老太太几乎要没饭吃了。

一天，一个过路的老头无意中看到老太太家墙角有个破石臼，说要用五两银买下这个从来没人注意的破玩意儿。老太太正愁没钱，便爽快地答应了。老头十分高兴，通知老太太别让其他人动，一会派人来抬。

老太太想，这么容易就得到五两银子，总得让人家把石臼干干净净地抬走。所以她便把石臼上的尘土、腐叶等扫掉，堆了一堆，埋在院中的茶树下边。过了一会儿，老头带着几个人高马大的小伙子来了，一看干干净净的石臼，忙问石臼里的杂物哪儿去了。老太太如实相告，老头跑到院中，一看果真如此，不禁连连顿脚道："可惜，可惜，这破石臼的宝气就在那堆陈年垃圾上，既然你把它埋在茶树跟下了，就成全这十八棵老茶树吧。"说完，便领着人走了。

来年春天，奇迹发生了：那十八棵茶树新枝嫩芽一齐涌出，茶叶又细又润，沏出的茶幽香怡人。渐渐地，龙井茶便在西子湖畔栽培开来，"西湖龙井"也因此得名。

（4）信阳毛尖

信阳毛尖是我国著名的绿茶之一，历史悠久。主要产地在河南省信阳市。以"五云两潭"等群山的峡谷间品质最好。

信阳毛尖

形态：外形紧细圆直、色泽翠绿。具有"细、圆、紧、直、多白毫、香高、味浓、汤色绿"的独特风格。

功效：生津解渴、清心明目、提神醒脑、去腻消食。

（5）黄山毛峰

黄山毛峰，属绿茶类。产于素有奇峰、劲松、云海，怪石四绝而闻名于世的安徽黄山境内。

黄山毛峰

形态：外形微卷，芽心肥壮，状似雀舌，匀齐壮实，色如象牙。入杯冲泡雾气结顶，汤色清碧微黄，叶底黄绿有活力，滋味醇甘，香气如兰，韵味深长。

功效：兴奋、利尿、抑制动脉硬化、抗菌抑菌、减肥、美容护肤、延缓衰老。

（6）碧螺春

碧螺春，为绿茶中珍品。它历史悠久，清代康熙年间，成为宫廷贡茶。碧螺春产于江苏省苏州市吴县太湖的洞庭东、西山，所以又称

"洞庭碧螺春"。

形态：干茶条索紧结，白毫显露，翠碧诱人，卷曲成螺。冲泡后因白毫较多，茶汤短期暂浑浊，片刻之后茶汤清明，茶香芬芳，滋味鲜美甘醇。

碧螺春

功效：抗菌、抑菌、减肥、防龋齿、抑制癌细胞。

传说故事

从前，西洞庭山上住着一位美丽、勤劳、善良的姑娘，名叫碧螺。东洞庭山上住着一位小伙子，名叫阿祥，两人非常相爱。但不久灾难来临，太湖中出现了一条恶龙，作恶多端，扬言要娶碧螺姑娘，若不答应，便兴风作浪，让人民不得安宁。阿祥得知此事后，决心为民除害，他手持鱼叉潜入湖底，与恶龙搏斗，最终将恶龙杀死，但阿祥也因流血过多昏迷过去。碧螺姑娘将阿祥抬到家中，亲自照料，但不见好转。碧螺姑娘为了救治阿祥便上山寻找草药。她在山顶看见一株小茶树，虽是早春，已发新芽，她用嘴逐一含着每片新芽，以体温促其生长。芽叶很快长大了，她采下几片嫩叶泡水给阿祥喝下，阿祥顿觉精神一振，病情逐渐好转。于是碧螺姑娘把小茶树上的芽叶全部采下，用薄纸包好紧贴胸前，使茶叶慢慢暖干，然后搓揉，泡茶给阿祥喝。阿祥喝了这种茶水后，身体很快康复，两人陶醉在爱情的幸福之中。然而碧螺姑娘却一天天憔悴下去，原因是姑娘的元气全凝聚在茶叶上了，最后姑娘带着甜蜜幸福的微笑，倒在阿祥怀里，再也没有醒过来。阿祥悲痛欲绝，他把姑娘埋在洞庭山上，从此，山上的茶树越长越旺，品质格外优良。为了纪念这位美丽善良的姑娘，乡亲们便把这种名贵的茶叶，取名为"碧螺春"。

（7）祁门红茶

祁门红茶，是红茶中的佼佼者，产于安徽省祁门县。祁门红茶是红茶中的珍品，享有盛誉。

祁门红茶

形态：外形紧细匀整，色泽乌湿显毫，香气高醇，有鲜甜清快的嫩香味，形成独有的"祁红"风格。茶汤红艳明亮，叶底嫩软明亮。

功效：提神消疲、养胃护胃、生津清热、杀菌消炎、延缓衰老。

传说故事

在清末，一个茶忙的日子，安徽祁门有个老茶农从高山上采摘近百斤生叶，兴冲冲赶到家将鲜叶倒在地上时，发现茶叶全被捂红了。老汉顿时目瞪口呆，但想想就这样扔了太可惜，不如做出来再说。没想到，等他按绿茶的制法做出来后，更傻眼了，茶叶全是乌色。尽管如此，老汉还是心存侥幸地将茶挑到茶庄去碰碰运气。可是接连走了许多家，茶庄老板个个都说："这完全是变质的坏茶叶，不要。"老汉是个犟脾气，心想卖不了也绝不倒掉，就留下来自家喝。

此时正值鸦片战争后期，许多外国人纷纷到中国各地进行经商等活动。说来也巧，当老汉挑着一担茶叶垂头丧气往家走时，迎面碰到一位外国传教士。传教士随口问道："老人家挑的是什么东西？"老汉满腹怨气正无处发泄，便没好气地说："乌龙。""乌龙？"那位传教士居然来了兴趣，非要看看不可。老汉拗不过，只好停下，任其掀开茶袋看茶。传教士见茶叶色乌条细，异香扑鼻，喜不自禁，便取出一片茶叶放入口中咀嚼起来，居然味道香甜。传教士顿时哇哇大叫起来："乌龙，好茶！快卖给我。"老汉开了个比绿茶高几倍的价格，岂料那传教士竟也不还价，痛痛快快地将茶买下了，临走时他还特地叮嘱老汉说："你的乌龙，从明天起我全包了。"意外的收获，使老汉绝处逢生。回到家中，他将此事告诉了家人，全家人都乐得合不拢嘴。家人细细回忆了白天做茶的经过，觉得并无难处。于是次日天才亮，全家人就上山采茶，至中午太阳正当顶时，急忙挑茶回家。待鲜叶捂红后，又仿照头天的制茶做法，果然乌龙又出现了。全家人喜出望外，立刻将这好消息告诉了村人。村人赶来一看，果然是亮里透褐、褐里显红的乌茶。有人又抓了一把泡水，茶水竟是红艳艳的，便提议道："既然茶汤是红色的，就叫祁门红茶吧，总比叫乌龙好。"众人皆一致赞同，纷纷仿效制作。祁红就这样诞生了，之后，美名也随之传到了国外。

（8）安溪铁观音

安溪铁观音，属青茶（乌龙茶）之极品，产于福建省安溪县。

安徽铁观音

安徽铁观音·干茶

形态：外形紧结扭曲，壮结沉重，美如观音，茶香馥郁，茶汤金黄，明亮清澈，滋味醇厚甘鲜，鲜爽回甘，微带蜂蜜味道。

功效：抗衰老、抗癌症、抗动脉硬化、防治糖尿病、减肥健美、防治龋齿、清热降火。

（9）白毫银针

白毫银针，简称白毫，又称银针，其成品多为芽头，满披白毫，色白如银，纤细如针，所以得此高雅之名。白毫银针是白茶中的珍品也是历代皇家贡品。产地位于福建福鼎市和南平市政和县一带。

白毫银针

形态：外形芽头肥壮挺直，满披白毫，熠熠闪光。冲泡后，香气清高，滋味鲜爽，汤色杏黄，茶置杯中，芽芽挺立，蔚为奇观。

功效：银针性寒凉，有退热祛暑解毒之功效，在华北被视为治疗养护麻疹患者的良药。

传说故事

很早以前，有一年，政和一带久旱不雨，瘟疫四起。据说在洞宫山上的一口龙井旁有几株仙草，草汁能治百病。很多勇敢的小伙子纷纷去寻找仙草，但都有去无回。有一户人家，家中有兄妹三人，名字分别叫志刚、志诚和志玉，他们商定轮流去找仙草。

这一天，大哥来到洞宫山下，这时路旁走出一位老爷爷告诉他说仙草就在山上龙井旁，上山时只能向前不能回头，否则采不到仙草。志刚一口气爬到半山腰，只见满山乱石，阴森恐怖，忽听一声大喊"你敢往上闯！"志刚大惊，一回头，立刻变成了这乱石岗上的一块新石头。二哥志诚接着去找仙草。在爬到半山腰时由于回头也变成了一块巨石。

找仙草的重任落到了妹妹志玉的头上。她出发后，途中也遇见白发爷爷，同样告诉她千万不能回头的话，且送她一块烤糍粑。志玉谢后继续往前走，来到乱石岗，奇怪声音四起，她用糍粑塞住耳朵，坚决不回头，终于爬上山顶来到龙井旁。妹妹志玉采下仙草上的芽叶，并用井水浇灌仙草，仙草开花结子，志玉采下种子，立即下山。

志玉回乡后将种子种满山坡。这种仙草便是茶树，茶树上长出来的茶就是白毫银针，这便是白毫银针名茶的来历。

（10）君山银针

君山银针，为黄茶珍品，产于湖南省岳阳市洞庭湖君山岛，因成品茶的茶芽挺直，形似银针而得名"君山银针"。

君山银针

形态：外形茶芽肥硕，苗壮挺直，茶毫满披，茶芽金黄，雅称"金镶玉"。冲炮后，茶香清纯，茶汤杏黄，滋味甜爽鲜醇。

功效：清热降火，明目清心、提神醒脑、消除疲劳、缓解压力、帮助消化。

传说故事

君山银针原名白鹤茶。据传初唐时，有一位名叫白鹤真人的云游道士从海外仙山归来，随身带了八株神仙赐予的茶苗，将它种在君山岛上。后来，他修起了巍峨壮观的白鹤寺，又挖了一口白鹤井。白鹤真人取白鹤井水冲泡仙茶，只见杯中一股白气袅袅上升，水气中一只白鹤冲天而去，此茶由此得名"白鹤茶"。又因为此茶颜色金黄，形似黄雀的翎毛，所以别名"黄翎毛"。后来，此茶传到长安，深得天子宠爱，遂将白鹤茶与白鹤井水定为贡品。有一年进贡时，船过长江，由于风浪颠簸把随船带来的白鹤井水给泼掉了。押船的州官吓得面如土色，急中生智，只好取江水鱼目混珠。运到长安后，皇帝泡茶，只见茶叶上下浮沉却不见白鹤冲天，心中纳闷，随口说道："白鹤居然死了！"岂料金口一开，即为玉言，从此白鹤井的井水就枯竭了，白鹤真人也不知所踪。但是白鹤茶却流传下来，就是今天的君山银针茶。

第六节　茶与健康

　　喝茶雅称品茶，因为喝茶能品味，品出韵味，品出气息，品出情趣，品出健康。二战时，美国在日本扔下两颗原子弹，死了无数的人，但也有存活的，其中又有不少人在以后的日子里患上放射性癌症死去，还有一些人却奇迹般地活下来了。在对这些活着的人的调查中，有三种人引起了注意，一种是种茶的人，一种是从事茶道的人，一种是喜欢喝茶的人。这样，人们对茶叶的保健功能产生了兴趣，概括地说，茶的保健功能包括：

1. 延年益寿
2. 抑制心血管疾病、预防高血压
3. 抗癌、抗肿瘤
4. 预防和治疗辐射伤害
5. 增强免疫力
6. 养颜祛斑、预防肥胖
7. 解酒、提神醒脑
8. 护齿明目、抗菌消炎

饮茶的禁忌

　　喝茶好处颇多，但如果饮茶不当，会增加人体负担，有害无益，所以，为使饮茶利于身体健康，饮茶时应掌握"清淡为宜，适量为佳，随泡随饮，饭后少饮，睡前不饮"的原则。以下列举十条饮茶禁忌：

1. 忌空腹饮茶：空腹饮茶，茶入肺腑，会冷脾胃，冲淡胃酸，妨碍消化，我国自古就有"不饮空心茶"之说。

2. 忌饮烫茶：太烫的茶水会刺激人的咽喉、食道和胃。如果长期饮用太烫的茶水，可能引起这些器官的病变。

3. 忌饮冷茶：热茶能使人神思爽畅，耳聪目明；冷茶则对身体有滞寒，聚痰的副作用。

4. 忌饮浓茶：浓茶含咖啡因，茶碱多，刺激强，易引起头痛、失眠。

5. 忌冲泡时间太久：冲泡时间过长，茶叶中的茶多酚、类脂、芳香物质等会自动氧化，不仅茶汤色暗，味差，香低，而且失去品尝价值。

6. 忌冲泡次数过多：一般茶叶在冲泡3-4次后就基本上没有什么茶汁了。

7. 忌饭前饮茶：饭前饮茶会冲淡唾液，使饮食无味，还能暂时使消化器官吸收蛋白质的功能下降。

8. 忌饭后马上饮茶：茶中含有鞣酸，能与食物中的蛋白质，铁质发生凝固作用，影响人体对蛋白质和铁质的消化吸收。

9. 忌用茶水服药：茶中含有鞣酸，与许多药物结合而产生沉淀，阻碍吸收，影响药效。所以，俗话说"茶叶水解药"。

10. 忌饮隔夜茶：因隔夜茶时间过久，维生素已丧失，而且茶里的蛋白质，糖类等会成为细菌、霉菌繁殖的养料。

第七节　中国茶德

　　弘扬茶文化，提倡"国饮"，不仅有益于民族身体素质的提高，也有利于民族精神的弘扬。中国最早的茶学著作《茶经》中，陆羽就提出："茶最宜精行俭德之人。"当代茶人庄晚芳先生提倡的"中国茶德""廉、美、和、敬"，意为：廉俭育德、美真康乐、和诚处事、敬爱为人。它表达的社会内容和伦理道德，是中华民族一直提倡的一种高尚的人生观和正宗的处事哲学，体现了中华民族的传统美德。我们不仅要继承发扬"中国茶德"这一民族传统美德，而且还应倡导与时代精神相结合的茶德精神。

茶德精神——廉、美、和、敬

　　廉——廉俭育德　勤俭朴素是中国劳动人民的传统美德。清饮一杯，勤俭育德，以茶敬客。茶德的主要精神是勤俭清朴。

　　美——美真康乐　饮茶以品为主，这就要求茶叶形态美，沏茶用具美，水美，境美，饮茶行为美，语言美，在饮茶的同时增加一些情趣，令人心旷神怡。

　　和——和诚处世　饮茶人进入饮茶场所要心情和畅，只有做人温和，以助人为乐，才可以达到茶德的和好。饮茶也是人们交往的桥梁，以茶会友，客来敬茶，和睦相处，和衷共济。朋友相见手捧一杯茶，共叙友谊，无不感到亲切温馨。

　　敬——敬爱为人　以茶敬客，是一种尊敬的礼仪。宾客有来自东西南北的男女老少，因此，在以茶待人时不能一成不变，要尽量适应和满足客人的要求。主人必须从情爱出发，敬人爱民，敬老爱幼，把敬爱结合在一起，以免敬茶表面化，失去了敬茶意义，也失掉了茶德精神。

第八节 好水泡好茶

一、择水泡茶

1. 择水泡茶意义深

中国茶文化历史悠久，茶文化内容丰富多彩、博大精深。喝茶有很多的益处，使人情不自禁的想亲手泡一壶茶，品尝一下茶的芳香与滋味。

但是想要泡好一壶茶，需要掌握茶艺的几个要点：选茶、择水、备器、雅室、冲泡、品尝。

择水是非常讲究的，水质直接影响茶汤的质量，所以中国人历来非常讲究泡茶用水。明朝张大复曾说："茶性必发于水，八分之茶，遇十分之水，茶亦十分；八分之水，试十分之茶，茶只八分。"

古代茶人一般会择水选源。陆羽在《茶经》中说："其水，用山水上，江水中，井水下。其山水，拣乳泉石池漫流者上。"可见，水的优劣与泡出的茶有极大的关系。

（1）水源贵"活"。北宋苏东坡在《汲江煎茶》中说："活水还需活火烹，自临钓石取深情。"如此说来，水源以"活"为贵。

（2）水味要"甘"。北宋重臣蔡襄《茶录》中认为："水泉不甘，能损茶味。"强调茶水在于"甘"，只有"甘"才能够出"味"。

（3）水质需"清"。唐代陆羽的《茶经·四茶器》中写到的漉水囊，就是滤水用的，使煎茶之水清澈。

（4）水性应"轻"。清代乾隆皇帝一生爱茶，是一位品泉评茶的行家。他每次出游，常带一只精致银斗，精量各地泉水，按水的比重，从轻到重，排出优劣，定北京玉泉山的水为"天下第一泉"，作为宫廷御用水。

2. 宜茶水品有哪些？

（1）山泉水。山上植被茂密，空气新鲜，因此，山泉水洁净清爽，清澈晶莹，悬浮物少，水质稳定。用山泉水泡茶，能使茶的色香味形有最佳的发挥。

（2）江、河、湖水。地面水，水质浑浊，若用来泡茶，应去人烟稀少、植被生长较好、污染物少的地方去取水。

（3）雪水和雨水。古人称之为"天泉"。若空气不被污染，雨水和雪水是相对干净的，不失为泡茶的好水。

（4）井水。地下水，易受污染，少见天日，用来泡茶，有损茶味。如能取到活水井的水泡茶，同样能泡一杯好茶。

（5）自来水。含有消毒的氯气，并含有一定的铁质。若用自来水泡茶，最好用无污染的容器，先储藏一天，待氯气散发后再泡茶。

（6）纯净水。水质清澈，净度好，透明度高，泡出的茶汤晶莹透彻。

◎ 第二章　闻香识茶

第一节　甘露润莲心

一、认识绿茶

茶品介绍：绿茶生产历史最久，品种繁多，产量巨大，其特点是成茶、汤色、叶底均为绿色，被称为21世纪的绿色饮料，深受人们的喜爱。

绿茶的种类：西湖龙井、洞庭碧螺春、黄山毛峰、太平猴魁、六安瓜片、庐山云雾、信阳毛尖。

（西湖龙井是扁形；碧螺春是卷曲形；黄山毛峰是雀舌形；六安瓜片是片形；信阳毛尖是条形）

绿茶的制作工艺

鲜叶摊放：茶叶经过合理的摊放处理可提高茶叶品质。

杀青：目的在于蒸发鲜叶中的水分，破坏酶的活性，仰制茶多酚氧化，使茶叶变软，便于揉捻成形，同时散发青草气，促进香气的形成。

揉捻：使芽叶卷紧成条，细胞破碎，茶汁溢出，溢出的茶汁附着在已

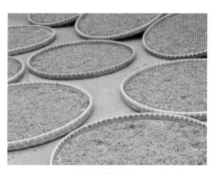

鲜叶摊放

杀青   揉捻

干燥

成形的茶叶表面，干燥后便可冲泡出颜色和滋味。

干燥：蒸发掉多余的水分，使茶叶香气挥发，并且便于运输和储存。绿茶的干燥有三种方式：炒干，晒干，烘干。

二、绿茶茶艺

高档细嫩的绿茶，一般选用玻璃杯或白瓷杯饮茶，而且无须用盖。采用透明玻璃杯泡饮细嫩绿茶，可观"茶舞"，看茶在水中缓慢舒展、游动、变幻。这样不但能便于人们赏茶观姿，还能防止嫩茶泡熟，失去鲜嫩色泽和清鲜滋味。普通绿茶，因不注重赏茶的外形和汤色，而在品尝滋味，或佐食点心，可选用茶壶泡茶，这叫作"嫩茶杯泡，老茶壶泡"。

西湖龙井的茶艺表演

首先，介绍一下茶具，茶道组——又称茶艺六君子，随手泡——用来煮水，茶罐——用来储存茶叶，茶荷——用来鉴赏干茶，茶巾——清洁工具，茶盘——主要用来摆放茶具以及进行茶艺展示，玻璃杯——用来冲泡茶叶。

观形鉴色：今天为大家冲泡的是浙江杭州西湖龙井。

清泉初沸：将随手泡高高举起，沿着玻璃杯左侧杯壁注入热水。

回旋烫杯：双手拿起茶杯从左到右由杯底至杯口逐渐回旋二周，然后将杯中的水倒出，经过热水浸润后的茶杯犹如珍宝一般光彩夺目。

龙入晶宫：冲泡西湖龙井采用下投法。左手茶荷，右手茶匙，用茶匙把茶荷中的茶叶均匀地拨入两个玻璃杯中。

温润心扉：将水倒入杯中，约占茶杯容量的三分之一，使茶芽舒展。

旋香沁碧：右手执杯，左手托底，用中指轻轻摇杯，使茶与水在杯中旋转。

鉴香别韵：右手执杯，左手食指轻轻将茶杯从鼻前推过，闻取茶叶香气。此时茶叶已显出勃勃生机，馥郁清香扑鼻而来。

有凤来仪：右手提壶，左手食指按住壶盖，用手腕的力量，使水壶下倾上提反复三次，连绵的水流使茶叶在杯中上下翻动，似高山泉涌，飞流直下，促使茶汤均匀，同时也蕴含着三鞠躬的礼仪。

敬奉香茗：双手将茶奉给客人，并伸右手，指茶，言"请用茶"。

香雾扑面：双手拿起茶杯，轻轻靠近杯口，茶香飘来，细心品味。

细品鲜爽：双手将茶杯递至嘴边，细细品啜，感觉甘醇润喉，齿颊留香，回味无穷。

第二节　宝光初现

一、认识红茶

　　红茶，属全发酵茶，生产工艺大体为萎凋、揉捻、发酵、干燥。因干茶色泽和茶汤色泽均为红色，故名红茶。

　　我国红茶有功夫红茶（条形茶）、小种红茶（以松枝熏干，具有别致烟熏风味）及红碎茶（碎片、末型茶）等。

二、祁门红茶茶艺表演

（一）宝光初现

　　祁门红茶条索紧秀，锋苗显露，乌黑润泽。将红茶置于茶荷中，双手举起，请大家一起来赏茶。

宝光初现

（二）温热壶盏

右手拿起茶壶，将沸水注入茶碗中。

（三）王子入宫

祁门红茶也被誉为"王子茶"，右手拿茶匙，左手拿茶荷，将红茶轻轻拨入茶碗中。

（四）悬壶高冲

右手将茶壶高高举起，将水注入茶碗中，高冲可使茶叶在水的激荡下，充分浸润，使色、香、味更好地激发出来。

（五）敬奉香茶

双手端起茶碗，递至客人面前，并做"请用茶"的手势。

（六）喜闻幽香

左手端起茶托，右手拇指和食指拿起茶盖，将茶盖置于茶碗外沿，能闻到一股兰花之香。

（七）鉴赏汤色

手持茶碗，看看茶汤是否明亮红艳，看看杯沿是否有一道金圈，看看叶底是否嫩软红亮。

观赏汤色

（八）品味鲜爽

左手持茶碗，右手持茶盖，用茶盖将茶叶轻轻拨到茶碗外沿，轻啜一口，滋味醇厚，回味绵长。

三、亲手做奶茶（活动课）

给孩子们煮奶茶

材料：纯牛奶、红碎茶、冰糖

步骤：

1. 将纯牛奶放入煮锅中，沸腾一次，关火，轻轻搅拌，开火，再沸腾一次。

2. 第一次沸腾后，加入冰糖，第二次沸腾后，加入红碎茶。

3. 加入红碎茶后，再沸腾一次，关火。将牛奶和红碎茶倒入滤网，将红碎茶过滤出来，奶茶就做好了。

4. 可以搭配一些小点心，作为下午茶。

奶茶材料

奶茶

一、认识白茶

白茶的成品多为芽头，满披白毫，似银类雪，故名"白茶"。白茶是我国的特产，产于福建省的福鼎、政和、建阳等县，那里沟壑起伏，气候温和，雨量充沛。山地以红、黄壤为主，主要种植福鼎大白茶、政和大白茶及水仙等优良茶树品种。

人们采摘了细嫩、叶背多白茸毛的芽叶后，加工时不炒不揉，晒干或用文火烘干，使白茸毛完整地保留在茶的外表，这就是它呈白色的缘故。

白茶属轻微发酵茶，是我国茶类中的特殊珍品。白茶最主要的特点是毫色银白，素有"绿妆素裹"之美感，且芽头肥壮，汤色黄亮，滋味鲜醇，叶底嫩匀。白茶不仅外形美观，而且由于性凉，具有退热降火之功效。白茶的主要品种有白毫银针、白牡丹、贡眉、寿眉等。尤其是白毫银针，全身披满白色茸毛，形状挺直如针，在众多的茶叶中，它是外形最优美者之一，令人喜爱。

干燥

白茶

白茶的制作工艺，一般分为萎凋、干燥两道工序，而其关键在于萎凋。将鲜叶采摘下来之后，不炒不揉，萎凋后用文火烘干，使茶芽自然缓慢地变化。这种制法既不破坏酶的活性，又不促进氧化作用，且保持毫香，汤味鲜爽。

白牡丹茶的传说

福建省福鼎县一带盛产白牡丹茶，这种茶身披白茸毛，芽叶成朵，宛如一朵朵白牡丹花，有润肺清热的功效，常当药用。传说这种茶树是牡丹花变成的。在西汉时期，有位名叫毛义的太守，清廉刚正，因看不惯贪官当道，于是弃官随母去深山老林归隐。母子两人骑马来到一座青山前，觉得异香扑鼻，于是便向路旁一位鹤发童颜、银须垂胸的老者询问香味来自何处。老人指着莲花池畔的十八棵白牡丹说，香味来源于它。母子俩看此处似仙境一般，便留了下来，建庙修道，护花栽茶。一天，母亲因年老劳累，口吐鲜血病倒了。毛义四处寻药，在他万分焦急、非常疲劳地睡倒在路旁时，梦中又遇见了那位白发银须的仙翁，仙翁问清缘由后告诉他："治你母亲的病须用鲤鱼配新茶，缺一不可。"毛义醒来回到家中，母亲对他说："刚才梦见仙翁说我须吃鲤鱼配新茶，病方能治好。"母子二人同做一梦，认为定是仙人的指点。这时正值寒冬季节，毛义到池塘里破冰捉到了鲤鱼，但冬天到哪里去采新茶呢？正在为难之时，忽听得一声巨响，那十八棵牡丹竟变成了十八棵仙茶，树上长满嫩绿的新芽叶。毛义立即采下晒干，说也奇怪，白毛茸茸的茶叶竟像是朵朵白牡丹花，且香气扑鼻。毛义立即用新茶煮鲤鱼给母亲吃，母亲的病果然好了，她嘱咐儿子好生看管这十八棵茶树，说罢跨出门便飘然飞去，变成了掌管这一带青山的茶仙，帮助百姓种茶。后来为了纪念毛义弃官种茶，造福百姓的功绩，建起了白牡丹庙，把这一带产的名茶叫作"白牡丹茶"。

二、白茶茶艺表演

白茶的冲泡是个观赏性的过程。

以冲泡白毫银针为例。为便于欣赏到杯中茶的形、色，以及它们的变幻、姿态。茶具通常选用无色无花的直筒形透明玻璃杯。

一、温杯烫盏

将初沸的水注入杯中，温烫茶杯。

二、赏茶置茶

欣赏干茶的形与色。白毫银针外形芽头肥壮挺直，色银白，满披白毫。将茶放入玻璃杯中。

三、注水泡茶

冲入70℃的开水少许，浸润10秒钟左右，随即用高冲法，同一方向冲入开水。

白茶品茶

四、静赏香茶

高冲水后，银针慢慢竖起，沉于杯底，仿若水中起舞。

五、品味鲜爽

静置3分钟后，便可品饮。白茶因未经揉捻，茶汁很难浸出，汤色浅杏黄，滋味鲜爽，较清淡。

白茶的保健功效：白茶防癌、抗癌、防暑、解毒、治牙痛，分解脂肪，平衡血糖，预防夜盲症与干眼病，防辐射，保护人体造血机能，保护眼睛。白茶性寒，清凉解毒，降火祛暑，在夏季啜一杯白牡丹茶水，很少会中暑。在我国华北及福建产地被视为麻疹患者的良药，故清代周亮工在《闽小记》中载："白毫银针，产太姥山鸿雪洞，其性寒，功同犀角，是治麻疹之圣药。"白茶存放时间越长，其药用价值越高。

第四节　一花一乾坤

一、认识花茶

我国茶叶种类较多，除了六大茶类还有再加工茶类，如花茶、紧压茶、速溶茶、药用保健茶、含茶饮料等。花茶又称熏花茶、香花茶、香片，是以绿茶、红茶、乌龙茶茶坯及符合食用需求、能够吐香的鲜花为原料，采用窨（同"熏"）制工艺，制作而成。花茶集茶叶与花香于一体，茶引花香，花增茶味，相得益彰。冲泡品啜，既有浓郁爽口的茶味，又有幽醇芬芳的花香，令人心旷神怡。

二、花茶的冲泡

（1）备具：准备好茶具及花茶。

（2）赏茶：打开茶罐，用茶则量取两则茶叶于茶荷中，请客人赏茶。

（3）置茶：将盖碗横放在自己胸前，左手拇指及中指夹住盖碗两

花茶

花茶赏茶

侧，食指抵住碗面，将盖掀开，斜搁于碗托左侧，然后用茶匙置茶于盖碗中。

（4）冲泡：左手食指按住壶盖，右手提起茶壶（开水温度约90—95度），先用回转冲泡法按逆时针冲入碗中水量至三分之一，紧接着用"凤凰三点头"冲水至碗的敞口下限，右手放下茶壶，左手按开盖的顺序将盖盖上，静置2—3分钟。

花茶冲泡

（5）奉茶：当冲泡完毕，双手端起茶托，奉给客人，并行伸手礼。

（6）品茶：首先，左手持茶碗，右手拇指及中指夹持盖钮两侧，食指抵于钮面，持盖后转动手腕，使茶盖呈垂直朝向，将鼻子轻轻靠近茶盖，嗅闻盖面茶香，愈是优质的花茶则香气愈是鲜灵、浓纯。然后，持盖由碗沿里侧（靠自己身体的一侧）将茶汤表面的浮叶撇向碗外侧，观看茶汤色泽。最后，将盖斜搁于碗面，使靠身体的一侧碗面留出一条狭缝，小口从碗面狭缝中饮茶。

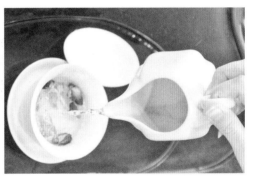

花茶注水

花茶

茶乡茶俗——茶叶香囊

香囊，古已有之。因佩戴在身，又称"佩香"。香囊制作时先用刺绣布、丝织品制成囊状，然后在囊中放置各种花粉、干燥花或带有香气的药材，以及香丸、精油等，有"却有馀薰在绣囊"的嗅趣。

茶叶香囊

制作茶叶香包

功效：茶叶能消除异味，净化空气。

方法：

（1）首先要将茶叶风干。

（2）然后将茶叶放入纱布袋或布袋中。

（3）最后用橡皮筋或丝带将袋扎好。

茶叶香包

做好的茶叶香包可放于衣柜中吸收樟脑味，或将之放进汽车或办公室，以去除烟味、冷气味，放进冰箱则可吸去肉腥味。

第五节　暗香浮动

认识黑茶

　　黑茶，属后发酵茶，制作工艺流程包括高温杀青、揉捻、渥堆、干燥四道工序。

　　黑茶一般原料粗老，色泽黑褐，香气陈香，滋味醇和。黑茶是紧压茶的原料，制成的砖茶或饼茶主要供边区少数民族饮用，所以又称边销茶。黑茶因产区和工艺上的差别分为湖南黑茶、湖北老青茶、四川边茶和滇桂黑茶。

黑茶

黑茶的冲泡

　　（1）备具：冲泡黑茶宜选择粗犷、大气、可过滤茶汤的厚壁紫砂壶、陶壶等，公道杯和品茗杯则以透明玻璃器皿为佳，便于观赏汤色。

　　（2）取茶：若是黑茶茶饼，先用茶刀，顺着黑茶的茶饼纹路，倾

黑茶茶艺

斜将整个茶撬开，然后拿取。若是黑茶颗粒，可直接取一颗冲泡。

（3）投茶：使用茶则量取茶叶，将黑茶投入壶中。

（4）冲泡：按1：40左右的茶水比例沸水冲泡，为了将黑茶的茶味完全泡出，一定要用100摄氏度以上的沸水。

（5）茶水分离：右手拿起茶壶，将黑茶倒入公道杯，实现茶水分离。

（6）品茗黑茶：将公道杯中的茶水倒入品茗杯，看看茶汤是否橙黄明亮如琥珀，是否带甜酒香或松烟香，是否滋味醇和，润滑回甘。

生活妙用

1. 黑茶冲泡能治疗习惯性便秘。春季是肠胃病易发时节，热饮黑茶，可治疗慢性肠炎。同时，饮用黑茶可消除腹胀，治疗消化不良。

2. 黑茶洗发能止痒。黑茶中含有具有抗菌、消炎、抗过敏作用的蛋白质、茶多酚、茶多糖及维生素和矿物质等。因此黑茶茶汁是天然的营养护发香波，具有祛屑止痒护发的功效，长期使用可使秀发洁净而具有光泽。

3. 黑茶泡脚能缓解疲劳、除臭抑菌。黑茶与红花、杜仲等调配，制成药茶足浴液，作用于足底经络，可以迅速缓解疲劳，恢复体力，除臭抑菌。

第六节　乌龙入海

一、认识青茶

青茶，又称乌龙茶，属半发酵茶，兼具绿茶和红茶的制作方法，冲炮后，茶汤澄黄，茶味浓醇，品饮后，回甘味鲜，唇齿留香。既有绿茶的清香，又有红茶的醇厚，有"绿叶红镶边"的美称。青茶可以分解脂肪、减肥健美。在日本被称为"美容茶"、"健美茶"。

青茶的制造工序包括萎凋、做青、炒青、揉捻、干燥，其中做青是形成乌龙茶特有品质特征的关键工序，是奠定乌龙茶香气和滋味的基础。

青茶

二、青茶的冲泡工具

（1）你知道紫砂陶壶的鼻祖供春吗？

有姓名流传下来的第一位制壶专家是龚春，又叫供春，明代人。他原是参政吴颐山的家童，曾在宜兴金沙寺伺候主人读书，闲时他在寺内看到老和尚终日炼土，制成茶壶，日久天长他偷偷地在老和尚那里学得制壶绝技，以后即以制壶为业。所制之壶温雅大方，质薄而坚，有"供春之壶，胜于美玉"的美名。

青茶冲泡

（2）什么是孟臣壶和若琛杯？

它们是泡功夫茶的专用茶具。"孟臣壶"是明代宜兴制陶师惠孟臣所制，小巧精美，称为孟臣壶。"若琛杯"也来自人名，相传若琛是清朝康熙皇帝身边的一位受宠的大臣。若琛非常喜欢喝茶，有一次康熙皇帝为了赏赐他，专门让官窑为若琛设计和烧制了一批茶杯，后人称为"若琛杯"。

（3）乌龙茶茶具的"四宝"是什么？

饮乌龙茶最精致的茶具称为"四宝"：玉书煨（开水壶）；小烘炉（烧水的火炉）；孟臣罐（茶壶）；若琛瓯（小茶杯）。

乌龙茶的传说

很久以前，福建安溪深山里有一位猎户，叫胡良。一天胡良打猎后回家，烈日当空，他怕猎物暴晒，就随手摘下一些带叶的树枝遮在上面。回家后，他发现家中与以往不同，满室清香扑鼻。于是他就到处寻找，发现清香就来自这些树叶。他用树叶泡水后饮下，精神大振。他不顾夜色将临，立即又返回山中，将这些树枝摘了一大捆带回家，但煮后再饮，发现味道大不如前，唯苦涩而已。他细心揣摩，终于发现了这种树叶要晒晾加工后才有清香，由此产生了这种香茶。"胡良"当地方言读音与"乌龙"相似，乡人为纪念他，就命名此茶为"乌龙"茶。

三、优雅的青茶茶艺表演

1. 备具候用：将所用的茶具准备就绪，按正确顺序摆放好，主要有：紫砂壶、公道杯、品茗杯、闻香杯等。

2. 敬请上坐：请客人依次坐下。

3. 焚香安神：焚点檀香，营造肃穆详和的气氛。

4. 丝竹和鸣：为营造良好品茗氛围而演奏优雅的乐曲，从而愉悦宾主身心。

5. 活火煮泉：泡茶以山水为上，用活火煮至初沸。

6. 叶嘉酬宾：两手拿起茶荷，从胸前环绕一周，请客人观赏茶叶。

7. 孟臣净心：用沸水冲淋水壶，提高壶温。

8. 高山流水：温杯洁具，用紫砂壶里的水烫洗品茗杯，动作舒缓起伏，保持水流不断。

9. 乌龙入宫：把乌龙茶拨入紫砂壶内。

10. 芳草回春：将水流注入紫砂壶内，使茶叶渐渐浸润，焕发勃勃生机。

11. 荷塘飘香：从左至右把茶汤均匀分到闻香杯、品茗杯中。

荷塘飘香

12. 粉尘香雾：从右至左把茶汤点到闻香杯、品茗杯中。

13. 悬壶高冲：执壶冲水，由低到高将壶身拉起，水将满时及时收水，使水满而不溢，茶沫浮起。

14. 春风拂面：用壶盖轻轻刮去壶口的泡沫。

15. 涤尽凡尘：用高温的热水再次涤烫壶的外身，冲去外身杂物，也起到再次加温的作用。

16. 游山玩水：将闻香杯中的水倒入品茗杯中，同时将闻香杯放入品茗杯中转动清洗。

17. 狮滚绣球：将外侧品茗杯中的水倒入内侧杯中，上下滚动清洁杯壁。（在游山玩水和狮滚绣球的同时，第二泡茶已经泡好了）

观山玩水

18. 关公巡城：将公道杯中的茶汤快速巡回均匀地分到闻香杯中至七分满。

19. 韩信点兵：将最后的茶汤用点斟的手式均匀地分到闻香杯中。

20. 高屋建瓴：将品茗杯倒扣到闻香杯上，预祝在座的各位高瞻远瞩，放眼未来。（双手摊开，目视嘉宾）

21. 乾坤斗转：用右手食指和中指夹住闻香杯，拇指按住品茗杯，上下摇摆三次，第三次将闻香杯旋转180度，置于品茗杯的上方。

高屋建瓴

22. 敬奉香茗：双手拿起茶托，齐眉奉给客人，向客人行注目礼。

23. 斗转星移：左手拇指和食指夹住品茗杯的杯身，中指托住杯底，右手拇指和食指轻轻转动闻香杯，稍一侧提出。

24. 空谷幽兰：双手将闻香杯轻轻靠近鼻子，闻取茶叶香气，还可以放在眼睛上熏眼睛。

25. 三龙护鼎：用拇指和食指端起品茗杯杯身，中指托住杯底。

26. 鉴赏三色：观赏茶汤，是否呈淡黄色，是否澄澈明亮。

27. 初品奇茗：将品茗杯轻轻靠近嘴边，一口为喝，二口为饮，三口为品。

28. 再出风华：再次将水注入壶中，冲泡香茶。

29. 自有公道：自紫砂壶中将泡好的茶倒入公道杯中，为宾客增添茶水。

茶乡茶俗——保健茶枕

古代茶枕：晋代葛洪《肘后备急方》中就有用茶制枕治失眠的记载，李时珍《本草刚目》记载绿茶作枕可明目，治头痛；唐代著名医学家孙思邈在《千金方》中记载："以茶入枕，可通经络，明目清心，延年益寿"；宋代诗人陆游终身以茶做枕，八十岁仍耳聪目明；清朝康熙、乾隆两位高寿皇帝也都有睡茶枕的习惯，并且当时的上流社会形成了睡茶枕的潮流。

保健茶枕

现在医学研究证明：茶枕具有祛痰定惊、开窍醒脑、扩张血管、防病祛邪、平衡气血、调节阴阳、安神除烦、清热解毒功效；还可以消除烦躁、紧张、压抑、焦虑等负面情绪，缓解精神压力，提高睡眠品质，是不可多得的保健佳品。

茶枕的制作：

第一步，要精选茶叶；

第二步，要用好的棉布，做一个枕头心，把挑选好的茶梗放在枕头心里面；

第三步，除了有茶梗还要添加荞麦，这样不但有茶梗明目的功效，还有助于预防颈椎病。

第四步，把握好比例的搭配，基本是2斤茶梗搭配1斤荞麦皮；

第五步，枕头心就完成了，剩下的就是再搭配上一个枕头套。